遥远的史前时代，在地球上生活了2.5亿年的恐龙，是地球上最奇特、最壮观的动物群体之一。它们形态各异，称霸一时。尽管在距今6500万年前的大灭绝中，恐龙从地球上消失，但它们的骨骼长埋地下，为我们留下了追踪的线索，随着恐龙考古的不断发现，已知的恐龙队伍不断壮大。

为了更加生动形象地还原出恐龙世界的精彩和震撼，我们运用多种先进技术手段，通过3D建模技术，复原出逼真的恐龙模型，重建恐龙家族。《恐龙大图鉴》精选155只恐龙，用精美大图再现恐龙的盛世辉煌。而AR增强现实技术的应用更是能让这些震人心魄的巨兽穿越时光隧道与你同行。

——编者的话

AR软件使用方法

1.用手机或平板电脑扫描左侧二维码，根据提示安装软件。

注意：安装软件后，第一次运行时会提示是否允许调用摄像头等软件权限，请点击允许，否则软件无法使用。

2.完成软件注册后，请点击 **AR** 图标。

3.选择对应图书的标志。

4.摄像头对准书中带有 **AR** 标志的页面。

哇！恐龙从书中出来了！

恐龙大图鉴

侏罗纪晚期—白垩纪晚期

肖 叶/主编　　张柏赫/编著

江 泓/科学顾问

CNS 湖南少年儿童出版社
HUNAN JUVENILE & CHILDREN'S PUBLISHING HOUSE

图书在版编目(CIP)数据

恐龙大图鉴.侏罗纪晚期—白垩纪晚期 / 肖叶主编；
江泓科学顾问；张柏赫编著.—长沙：湖南少年儿童出版
社，2019.8
ISBN 978-7-5562-4548-2

Ⅰ．①恐… Ⅱ．①肖… ②江… ③张… Ⅲ．①恐
龙—少儿读物 Ⅳ．① Q915.864-49

中国版本图书馆 CIP 数据核字 (2019) 第 094650 号

恐龙大图鉴·侏罗纪晚期—白垩纪晚期
KONGLONG DATUJIAN · ZHULUOJI WANQI—BAIEJI WANQI

策划编辑：周霞　　责任编辑：钟小艳
质量总监：阳梅　　封面设计：张柏赫

出版人：胡坚
出版发行：湖南少年儿童出版社
地址：湖南省长沙市晚报大道 89 号　邮编：410016
电话：0731-82196340（销售部）　　82196313（总编室）
传真：0731-82199308（销售部）　　82196330（综合管理部）
经销：新华书店

常年法律顾问：湖南云桥律师事务所　张晓军律师
印制：深圳当纳利印刷有限公司
开本：965mm×630mm　1/16
印张：10
版次：2019 年 8 月第 1 版
印次：2019 年 8 月第 1 次印刷
书号：ISBN 978-7-5562-4548-2
定价：68.00 元

目 录

擅攀鸟龙

生存年代： 侏罗纪晚期
学　　名： Scansoriopteryx
学名含义： 爬树的翅膀
食　　物： 肉类
体　　形： 体长约0.15米
体　　重： 约0.1千克
最早化石发现地： 亚洲·中国

将军龙

生存年代： 侏罗纪晚期

学　　名： Jiangjunosaurus

学名含义： 将军蜥蜴

食　　物： 植物

体　　形： 体长约6米，高约2米

体　　重： 约2 000千克

最早化石发现地： 亚洲·中国

泥潭龙

生存年代：侏罗纪晚期
学　　名：Limusaurus
学名含义：陷入泥潭的蜥蜴
食　　物：植物
体　　形：体长约1.7米，高约1米
体　　重：约50千克
最早化石发现地：亚洲·中国

热河翼龙

生存年代：侏罗纪晚期

学　　名：Jeholopterus

学名含义：热河的翼

食　　物：肉类

体　　形：翼展约0.9米

体　　重：不详

最早化石发现地：亚洲·中国

马门溪龙

生存年代：侏罗纪晚期
学　　名：Mamenchisaurus
学名含义：马鸣溪的蜥蜴
食　　物：植物
体　　形：体长20~35米，高约7米
体　　重：15 000~50 000千克
最早化石发现地：亚洲·中国

沱江龙

生存年代：侏罗纪晚期
学　　名：Tuojiangosaurus
学名含义：沱江的蜥蜴
食　　物：植物
体　　形：体长约7米，高约2米
体　　重：约4 000千克
最早化石发现地：亚洲·中国

永川龙

生存年代：侏罗纪晚期
学　　名：Yangchuanosaurus
学名含义：永川的蜥蜴
食　　物：肉食
体　　形：体长8～11米
体　　重：3 500～4 000千克
最早化石发现地：亚洲·中国

锐 龙

生存年代：侏罗纪晚期
学　　名：Dacentrurus
学名含义：非常锐利的尾巴
食　　物：植物
体　　形：体长6～10米，高约2米
体　　重：1 500～5 000千克
最早化石发现地：欧洲·英国

米拉加亚龙

生存年代：侏罗纪晚期

学　　名：Miragaia

学名含义：米拉加亚的恐龙

食　　物：植物

体　　形：体长5.5～6.5米，高约2米

体　　重：约2 000千克

最早化石发现地：欧洲·葡萄牙

始祖鸟

生存年代：侏罗纪晚期
学　　名：Archaeopteryx
学名含义：古老的翅膀
食　　物：肉类
体　　形：体长约0.5米
体　　重：约0.5千克
最早化石发现地：欧洲·德国

22

梁 龙

生存年代：侏罗纪晚期
学　　名：Diplodocus
学名含义：成对的横梁
食　　物：植物
体　　形：体长25～35米，高4～5米
体　　重：10 000～30 000千克
最早化石发现地：北美洲

腕龙

生存年代：侏罗纪晚期
学　　名：Brachiosaurus
学名含义：大臂蜥蜴
食　　物：植物
体　　形：体长18～23米
体　　重：20 000～55 000千克
最早化石发现地：北美洲·美国

高棘龙

生存年代：白垩纪早期
学　　名：Acrocanthosaurus
学名含义：长有高棘的蜥蜴
食　　物：肉类
体　　形：体长约11米，高约5米
体　　重：约6 000千克
最早化石发现地：北美洲·美国

雷腿龙

生存年代：白垩纪早期
学　　名：Brontomerus
学名含义：强壮的大腿
食　　物：植物
体　　形：体长约14米，高约3米
体　　重：约6 000千克
最早化石发现地：北美洲·美国

恐爪龙

生存年代：白垩纪早期
学　　名：Deinonychus
学名含义：恐怖的爪
食　　物：肉类
体　　形：体长约3米，高约0.87米
体　　重：约75千克
最早化石发现地：北美洲·美国

波塞东龙

生存年代： 白垩纪早期
学　　名： Sauroposeidon
学名含义： 使大地震动的蜥蜴
食　　物： 植物
体　　形： 体长30～34米，高约16米
体　　重： 50 000～60 000千克
最早化石发现地： 北美洲·美国

腱 龙

生存年代：白垩纪早期

学　　名：Tenontosaurus

学名含义：健美的蜥蜴

食　　物：植物

体　　形：体长6.5~8米，高约2.2米

体　　重：1 000~2 000千克

最早化石发现地：北美洲·美国

犹他盗龙

生存年代：白垩纪早期

学　　名：Utahraptor

学名含义：犹他州的盗贼

食　　物：肉类

体　　形：体长约7米，高约2米

体　　重：约500千克

最早化石发现地：北美洲・美国

加斯顿龙

生存年代： 白垩纪早期

学　　名： Gastonia

学名含义： 献给加斯顿

食　　物： 植物

体　　形： 体长约4.6米，高约1.2米

体　　重： 约1 500千克

最早化石发现地： 北美洲·美国

鸭嘴龙

生存年代：白垩纪早期
学　　名：Hadrosaurus
学名含义：强壮的蜥蜴
食　　物：植物
体　　形：体长7~10米，高约3.5米
体　　重：约4 000千克
最早化石发现地：北美洲·美国

帝 龙

生存年代：白垩纪早期
学　　名：Dilong
学名含义：恐龙帝王
食　　物：肉类
体　　形：体长约2米，高约0.8米
体　　重：约30千克
最早化石发现地：亚洲·中国

羽王龙

生存年代：白垩纪早期
学　　名：Yutyrannus
学名含义：羽毛暴君
食　　物：肉类
体　　形：体长约9米，高约3米
体　　重：约1 400千克
最早化石发现地：亚洲·中国

东北巨龙

生存年代：白垩纪早期
学　　名：Dongbeititan
学名含义：东北巨人
食　　物：植物
体　　形：体长约20米，高约6米
体　　重：10 000～20 000千克
最早化石发现地：亚洲·中国

中华丽羽龙

生存年代：白垩纪早期

学　　名：Sinocalliopteryx

学名含义：中国的美丽羽毛

食　　物：肉类

体　　形：体长约2.4米，高约0.8米

体　　重：约30千克

最早化石发现地：亚洲·中国

寐龙

生存年代：白垩纪早期
学　　名：Mei
学名含义：睡眠
食　　物：肉类
体　　形：体长约1米
体　　重：约2千克
最早化石发现地：亚洲·中国

鹦鹉嘴龙

生存年代： 白垩纪早期

学　　名： Psittacosaurus

学名含义： 长有鹦鹉嘴巴的蜥蜴

食　　物： 植物

体　　形： 体长1～2米，高约0.7米

体　　重： 20～30千克

最早化石发现地： 亚洲·中国

中华龙鸟

生存年代：白垩纪早期
学　　名：Sinosauropteryx
学名含义：中国长有翅膀的蜥蜴
食　　物：肉类
体　　形：体长约1米，高约0.4米
体　　重：约3千克
最早化石发现地：亚洲·中国

小盗龙

生存年代：白垩纪早期
学　　名：Microraptor
学名含义：小盗贼
食　　物：肉类
体　　形：体长0.45~1米
体　　重：约0.5千克
最早化石发现地：亚洲·中国

乌尔禾龙

生存年代：白垩纪早期
学　　名：Wuerhosaurus
学名含义：乌尔禾的蜥蜴
食　　物：植物
体　　形：体长约7米
体　　重：2 000～4 000千克
最早化石发现地：亚洲·中国

58

准噶尔翼龙

生存年代：白垩纪早期
学　　名：Dsungaripterus
学名含义：准噶尔盆地的翅膀
食　　物：肉类
体　　形：翼展3～5米
体　　重：不详
最早化石发现地：亚洲·中国

中国鸟龙

生存年代：白垩纪早期

学　　名：Sinornithosaurus

学名含义：中国的像鸟一样的蜥蜴

食　　物：肉类

体　　形：体长约1米，高约0.45米

体　　重：约2千克

最早化石发现地：亚洲·中国

天宇盗龙

生存年代：白垩纪早期

学　　名：Tianyuraptor

学名含义：天宇自然博物馆的盗贼

食　　物：肉类

体　　形：体长1.5~2米

体　　重：不详

最早化石发现地：亚洲·中国

北票龙

生存年代：白垩纪早期
学　　名：Beipiaosaurus
学名含义：北票的蜥蜴
食　　物：植物
体　　形：体长约2.2米，高约0.88米
体　　重：约85千克
最早化石发现地：亚洲·中国

豪勇龙

生存年代：白垩纪早期

学　　名：Ouranosaurus

学名含义：勇敢的蜥蜴

食　　物：植物

体　　形：体长约7米，高约3.5米

体　　重：2 000～3 000千克

最早化石发现地：非洲·尼日尔

潮汐龙

生存年代：白垩纪早期
学　　名：Paralititan
学名含义：潮汐巨人
食　　物：植物
体　　形：体长27～30米，高约5米
体　　重：60 000～80 000千克
最早化石发现地：非洲·埃及

鲨齿龙

生存年代：白垩纪早期

学　　名：Carcharodontosaurus

学名含义：长有鲨鱼牙齿的蜥蜴

食　　物：肉类

体　　形：体长10～13.5米，高约3.5米

体　　重：6 000～11 500千克

最早化石发现地：非洲

棘龙

生存年代： 白垩纪早期
学　　名： Spinosaurus
学名含义： 有棘的蜥蜴
食　　物： 肉类
体　　形： 体长约16米，高约4米
体　　重： 6 000～8 000千克
最早化石发现地： 非洲·埃及

始暴龙

生存年代：白垩纪早期

学　　名：Eotyrannus

学名含义：最早的暴龙

食　　物：肉类

体　　形：体长约4米，高约1.2米

体　　重：约200千克

最早化石发现地：欧洲·英国

多刺甲龙

生存年代：白垩纪早期
学　　名：Polacanthus
学名含义：众多棘刺
食　　物：植物
体　　形：体长4～5米，高约1米
体　　重：约1 000千克
最早化石发现地：欧洲·英国

禽 龙

生存年代：白垩纪早期

学　　名：Iguanodon

学名含义：鬣蜥牙齿

食　　物：植物

体　　形：体长10～13米，高约2.5米

体　　重：3 000～8 000千克

最早化石发现地：欧洲·英国

畸形龙

生存年代：白垩纪早期

学　　名：Pelorosaurus

学名含义：怪异的蜥蜴

食　　物：植物

体　　形：体长约25米，高约5米

体　　重：约40 000千克

最早化石发现地：欧洲·英国

重爪龙

生存年代：白垩纪早期
学　　名：Baryonyx
学名含义：沉重的爪
食　　物：肉类
体　　形：体长8～10米，高约3.5米
体　　重：2 000～4 000千克
最早化石发现地：欧洲·英国

斑比盗龙

生存年代：白垩纪晚期
学　　名：Bambiraptor
学名含义：像小鹿斑比的盗贼
食　　物：肉类
体　　形：体长约1米，高约0.3米
体　　重：约3千克
最早化石发现地：北美洲·美国

鸟面龙

生存年代：白垩纪晚期

学　　名：Shuvuuia

学名含义：像鸟一样

食　　物：肉类

体　　形：体长约0.6米，高约0.3米

体　　重：约2.5千克

最早化石发现地：亚洲·蒙古

副栉龙

生存年代：白垩纪晚期

学　　名：Parasaurolophus

学名含义：几乎有冠饰的蜥蜴

食　　物：植物

体　　形：体长约10米，高约3米

体　　重：约2 500千克

最早化石发现地：北美洲·加拿大

戟龙

生存年代： 白垩纪晚期

学　　名： Styracosaurus

学名含义： 有尖刺的蜥蜴

食　　物： 植物

体　　形： 体长约5.5米，高约1.8米

体　　重： 约3 000千克

最早化石发现地： 北美洲·加拿大

甲 龙

生存年代：白垩纪晚期
学　　名：Ankylosaurus
学名含义：坚固的蜥蜴
食　　物：植物
体　　形：体长约6米，高约1.7米
体　　重：约2 000千克
最早化石发现地：北美洲·美国

阿拉摩龙

生存年代： 白垩纪晚期
学　　名： Alamosaurus
学名含义： 阿拉摩的蜥蜴
食　　物： 植物
体　　形： 体长28～30米，高约12米
体　　重： 约80 000千克
最早化石发现地： 北美洲·美国

艾伯塔龙

生存年代：白垩纪晚期
学　　名：Albertosaurus
学名含义：艾伯塔省的蜥蜴
食　　物：肉类
体　　形：体长6~7.5米，高约3米
体　　重：2 500~3 000千克
最早化石发现地：北美洲·加拿大

惧 龙

生存年代：白垩纪晚期

学　　名：Daspletosaurus

学名含义：令人恐惧的蜥蜴

食　　物：肉类

体　　形：体长约9米，高约3.5米

体　　重：约4 000千克

最早化石发现地：北美洲·加拿大

慈母龙

生存年代：白垩纪晚期
学　　名：Maiasaura
学名含义：好妈妈蜥蜴
食　　物：植物
体　　形：体长6～9米
体　　重：约2 000千克
最早化石发现地：北美洲·美国

赖氏龙

生存年代：白垩纪晚期
学　　名：Lambeosaurus
学名含义：赖博的蜥蜴
食　　物：植物
体　　形：体长9～16.5米
体　　重：约10 000千克
最早化石发现地：北美洲·加拿大

厚鼻龙

生存年代：白垩纪晚期
学　　名：Pachyrhinosaurus
学名含义：有厚厚鼻子的蜥蜴
食　　物：植物
体　　形：体长5.5～8米，高约2.2米
体　　重：约4 000千克
最早化石发现地：北美洲·加拿大

伤齿龙

生存年代：白垩纪晚期
学　　名：Troodon
学名含义：具有杀伤力的牙齿
食　　物：杂食
体　　形：体长约2米，高约1米
体　　重：约60千克
最早化石发现地：北美洲·美国

霸王龙

生存年代：白垩纪晚期

学　　名：Tyrannosaurus Rex

学名含义：残暴的暴君蜥蜴

食　　物：肉类

体　　形：体长11.5～14.7米，高约5米

体　　重：8 000～14 850千克

最早化石发现地：北美洲·美国

风神翼龙

生存年代：白垩纪晚期

学　　名：Quetzalcoatlus

学名含义：像羽蛇神的巨兽

食　　物：肉类

体　　形：翼展约12米，高约5米

体　　重：约250千克

最早化石发现地：北美洲·美国

三角龙

生存年代：白垩纪晚期
学　　名：Triceratops
学名含义：长有三只角的脸
食　　物：植物
体　　形：体长7.9～9米，高约3米
体　　重：5 000～10 000千克
最早化石发现地：北美洲·美国

肿头龙

生存年代：白垩纪晚期

学　　名：Pachycephalosaurus

学名含义：有厚脑袋的蜥蜴

食　　物：植物

体　　形：体长4.5～5米，高约2.5米

体　　重：约450千克

最早化石发现地：北美洲·美国

木他龙

生存年代：白垩纪早期

学　　名：Muttaburrasaurus

学名含义：木他布拉镇的蜥蜴

食　　物：植物

体　　形：体长约7.5米，高约2.4米

体　　重：2 000～4 000千克

最早化石发现地：大洋洲·澳大利亚

新猎龙

生存年代：白垩纪早期
学　　名：Neovenator
学名含义：新来的猎人
食　　物：肉类
体　　形：体长约7.5米，高约2米
体　　重：1 000～2 000千克
最早化石发现地：欧洲·英国

胁空鸟龙

生存年代：白垩纪晚期

学　　名：Rahonavi

学名含义：从空中发起进攻的鸟

食　　物：肉类

体　　形：体长约0.6米

体　　重：不详

最早化石发现地：非洲·马达加斯加岛

恶 龙

生存年代：白垩纪晚期

学　　名：Masiakasaurus

学名含义：丑恶的蜥蜴

食　　物：肉类

体　　形：体长约2米，高约0.7米

体　　重：约60千克

最早化石发现地：非洲·马达加斯加岛

玛君龙

生存年代：白垩纪晚期
学　　名：Majungasaurus
学名含义：马达加斯加的蜥蜴
食　　物：肉类
体　　形：体长6~7米，高约3.5米
体　　重：约1 200千克
最早化石发现地：非洲·马达加斯加岛

掠食龙

生存年代：白垩纪晚期

学　　名：Rapetosaurus krausei

学名含义：恶作剧的蜥蜴

食　　物：植物

体　　形：体长约15米，高约3.5米

体　　重：约8 000千克

最早化石发现地：非洲·马达加斯加岛

南方巨兽龙

生存年代：白垩纪晚期

学　　名：Giganotosaurus

学名含义：南方的巨大蜥蜴

食　　物：肉类

体　　形：体长约13.5米，高约4.5米

体　　重：8 500～11500千克

最早化石发现地：南美洲·阿根廷

食肉牛龙

生存年代：白垩纪晚期

学　　名：Carnotaurus

学名含义：食肉的牛

食　　物：肉类

体　　形：体长约8米，高约3米

体　　重：约1 300千克

最早化石发现地：南美洲·阿根廷

阿根廷龙

生存年代：白垩纪晚期

学　　名：Argentinosaurus

学名含义：阿根廷的蜥蜴

食　　物：植物

体　　形：体长30～40米，高约8米

体　　重：60 000～90 000千克

最早化石发现地：南美洲·阿根廷

阿根廷龙

蝎猎龙

生存年代：白垩纪晚期

学　　名：Skorpiovenator

学名含义：蝎子猎人

食　　物：肉类

体　　形：体长约7米，高约3米

体　　重：约1 800千克

最早化石发现地：南美洲·阿根廷

汝阳龙

生存年代：白垩纪晚期
学　　名：Ruyangosaurus
学名含义：汝阳的蜥蜴
食　　物：植物
体　　形：体长约30米，高约10米
体　　重：约60 000千克
最早化石发现地：亚洲·中国

伶盗龙

生存年代：白垩纪晚期

学　　名：Velociraptor

学名含义：敏捷的盗贼

食　　物：肉类

体　　形：体长约1.8米，高约1米

体　　重：约15千克

最早化石发现地：亚洲·蒙古国

原角龙

生存年代：白垩纪晚期
学　　名：Protoceratops
学名含义：第一个长有角的脸
食　　物：植物
体　　形：体长2~3米，高约0.7米
体　　重：约180千克
最早化石发现地：亚洲·中国

136

窃蛋龙

生存年代：白垩纪晚期

学　　名：Oviraptor

学名含义：偷蛋的贼

食　　物：杂食

体　　形：体长1.8～2.5米，高约1.3米

体　　重：20～36千克

最早化石发现地：亚洲·蒙古国

特暴龙

生存年代：白垩纪晚期

学　　名：Tarbosaurus

学名含义：令人害怕的蜥蜴

食　　物：肉类

体　　形：体长约12米，高约4.2米

体　　重：约7 500千克

最早化石发现地：亚洲·蒙古国

镰刀龙

生存年代：白垩纪晚期
学　　名：Therizinosaurus
学名含义：镰刀蜥蜴
食　　物：植物
体　　形：体长8～11米，高约6米
体　　重：6 000～7 000千克
最早化石发现地：亚洲·蒙古国

诸城暴龙

生存年代： 白垩纪晚期

学　　名： Zhuchengtyrannus

学名含义： 诸城的暴君蜥蜴

食　　物： 肉类

体　　形： 体长约12米，高约4米

体　　重： 约10 000千克

最早化石发现地： 亚洲·中国

中国角龙

生存年代： 白垩纪晚期

学　　名： Sinoceratops

学名含义： 中国的长角的脸

食　　物： 植物

体　　形： 体长6~7米，高约2.5米

体　　重： 5 000~6 000千克

最早化石发现地： 亚洲·中国

山东龙

生存年代：白垩纪晚期

学　　名：Shantungosaurus

学名含义：山东的蜥蜴

食　　物：植物

体　　形：体长约15米，高约5米

体　　重：约12 000千克

最早化石发现地：亚洲·中国

青岛龙

生存年代：白垩纪晚期

学　　名：Tsintaosaurus

学名含义：青岛的蜥蜴

食　　物：植物

体　　形：体长6～8米，高约4米

体　　重：1 500～2 000千克

最早化石发现地：亚洲·中国

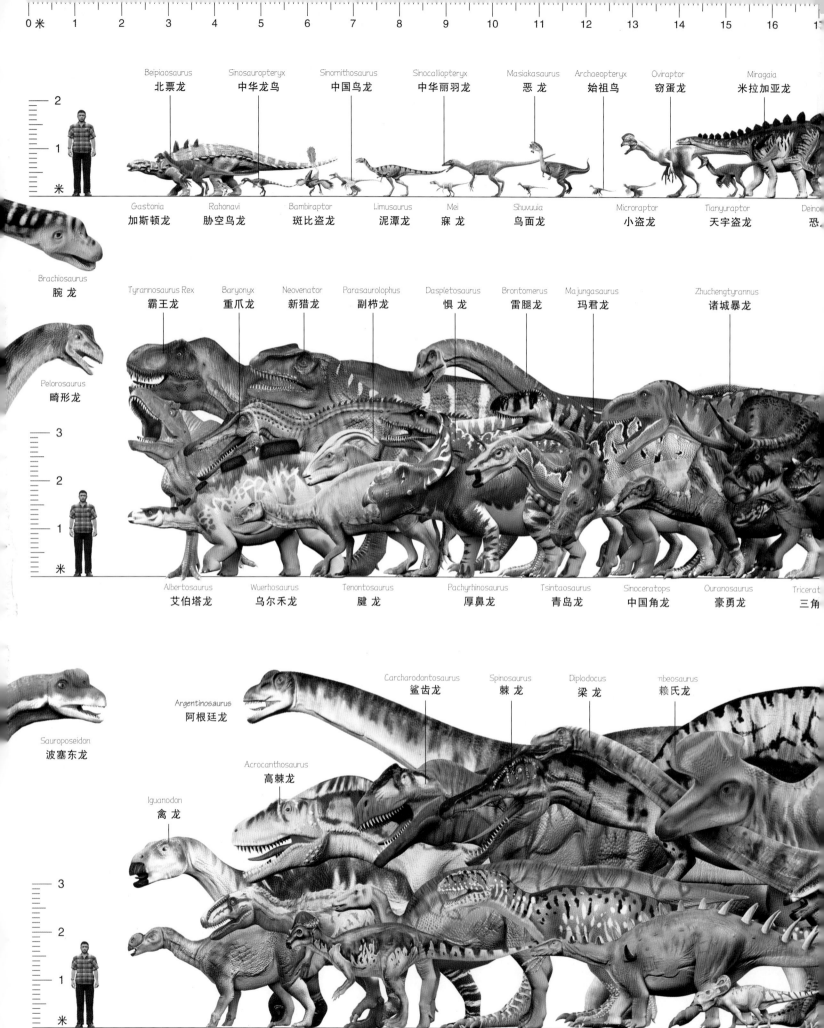

0 米 1 2 3 4 5 6 7 8 9 10 11 12 13 14 15 16 1

Beipiaosaurus 北票龙
Sinosauropteryx 中华龙鸟
Sinornithosaurus 中国鸟龙
Sinocalliopteryx 中华丽羽龙
Masiakasaurus 恶龙
Archaeopteryx 始祖鸟
Oviraptor 窃蛋龙
Miragaia 米拉加亚龙

Gastonia 加斯顿龙
Rahonavi 胁空鸟龙
Bambiraptor 斑比盗龙
Limusaurus 泥潭龙
Mei 寐龙
Shuvuuia 鸟面龙
Microraptor 小盗龙
Tianyuraptor 天宇盗龙
Deino 恐

Brachiosaurus 腕龙

Pelorosaurus 畸形龙

Tyrannosaurus Rex 霸王龙
Baryonyx 重爪龙
Neovenator 新猎龙
Parasaurolophus 副栉龙
Daspletosaurus 惧龙
Brontomerus 雷腿龙
Majungasaurus 玛君龙
Zhuchengtyrannus 诸城暴龙

Albertosaurus 艾伯塔龙
Wuerhosaurus 乌尔禾龙
Tenontosaurus 腱龙
Pachyrhinosaurus 厚鼻龙
Tsintaosaurus 青岛龙
Sinoceratops 中国角龙
Ouranosaurus 豪勇龙
Tricerat 三角

Sauroposeidon 波塞东龙

Argentinosaurus 阿根廷龙
Carcharodontosaurus 鲨齿龙
Spinosaurus 棘龙
Diplodocus 梁龙
nbeosaurus 赖氏龙

Acrocanthosaurus 高棘龙

Iguanodon 禽龙

Muttaburrasaurus 木他龙
Yutyrannus 羽王龙
Pachycephalosaurus 肿头龙
Hadrosaurus 鸭嘴龙
Yangchuanosaurus 永川龙
Dacentrurus 锐龙
Protoceratops 原角龙

osaurus
龙

Styracosaurus
戟 龙

Utahraptor
犹他盗龙

Polacanthus
多刺甲龙

Psittacosaurus
鹦鹉嘴龙

Jiangjunosaurus
将军龙

Troodon
伤齿龙

Tuojiangosaurus
沱江龙

Dilong
帝 龙

Eotyrannus
始暴龙

Velociraptor
伶盗龙

Giganotosaurus
南方巨兽龙

Jeholopterus
热河翼龙

Dsungaripterus
准噶尔翼龙

Scansoriopteryx
擅攀鸟龙

Alamosaurus
阿拉摩龙

Quetzalcoatlus
风神翼龙

Ruyangosaurus
汝阳龙

Dongbeititan
东北巨龙

saurus
牛龙

Rapetosaurus krausei
掠食龙

Paralititan
潮汐龙

Therizinosaurus
镰刀龙

Shantungosaurus
山东龙

Skorpiovenator
蝎猎龙

Mamenchisaurus
马门溪龙

Maiasaura
慈母龙

Tarbosaurus
特暴龙

AR